KB262702

남한산성 서문
Seomun Gate of Namhan Mountain Castle

남한산성
Namhan Mountain Castle

남한산성 수어장대
Namhansanseong Sueochangtae Platform

동북 공심돈
Tongpukkongsimton Battery

3개의 공심돈중 가장 모습이 독특하고 돈대의 특성을 가장 잘 살린 것으로 동문의 북쪽, 성의 동편의 가장 높은 곳에 위치한다. 성벽에서 치성을 돌출시킨 형태가 아니라 성벽안쪽으로 따로 돈대를 쌓은 것으로 본래의 돈대의 형태에 가장 가까운 구조이다. 평면형태가 원형으로 수원성에서 유일한 둥근평면으로 벽돌이란 재료를 가장 효과적으로 개성있게 구사하였다.

동북 공심돈
Tongpukkongsimton Battery

내부는 2층으로 계단이 원을 따라 나선형을 이루고 구멍을 내어 적을 공격하고 햇빛이 들어올 수 있도록 하였다. 안에는 군사가 숙식을 할 수 있는 온돌방이 설치되어 있다. 둥근외관과 나선식계단으로 소라각이라는 별명이 있다. 『화성의궤』에 의하면 요동에 있는 계평돈을 본 따서 만든 것이라고 적고 있다.

공주 공산성

사적 12호

Kong Mountain Castle in Kongchu

Historical site No. 12

공산성은 백제가 5세기 말 고구려에 밀려 웅진으로 천도하는 절박한 상황에서 북으로 금강을 낀 우뚝 솟은 산위에 궁궐을 짓고 임시도읍으로 이용하였던 곳이다. 금강이 있는 북쪽을 제외한 3면을 야산을 이용하여 성벽을 토성으로 쌓았다. 현지의 석축부분은 조선시대에 축조한 것이다. 북쪽의 누는 공북루로 공산성의 북문인데 옛 망북루 터에 선조 36년에 지었다.

공주 공산성, 진남루와 연지
Chinnamru Pavilion and Pond of Kong Mountain Castle

공주 공산성
Kong Mountain Castle

江都南門

강화산성 남문
South Gate of Kanghwa Mountain Castle

강화산성 북문 진송루
사적 132호, 고려 ~ 조선
Kanghwa Mountain Castle
HIstorical site No. 132

　북문의 진송루는 원래 문루가 없던 것을 1783년 성
을 개축하면서 건립되었다. 마루에 양성바르기 하고 용
마루에 취두를 올렸다. 용두를 올린 남문과 비교 된다.

강화산성 남문
South Gate of Kanghwa Mountain Castle

강화산성 북문
North Gate of Kanghwa Mountain Castle

　북문에는 전돌로 옹성을 쌓았다. 육축위 여담 역시
전돌로 쌓았다. 성벽의 성돌에서 보수한 흔적이 확연
하다.

창덕궁

경복궁에 동쪽에 이궁(離宮)으로서 창건된 창덕궁
은 경복궁에서의 상대적 위치로 '동궐' 이라 불리웠으
며, 역대 임금들이 상어(常御) 하였으므로 정궐인 경
복궁보다 시설이 더 잘 되어 있다.

◀ 창덕궁의 전경
The side view of Changteokkung Palace

창덕궁 돈화문
1608년 중건, 보물 383호
Tonhwamun Gate in Changteokkung Palace
Rebuilt in 1608 A.D. Treasure No. 383

　창덕궁의 정문으로 정면 5칸, 측면 2칸의 중층 우진
각 지붕의 다포양식이다. 궁궐의 대문중 정면이 5칸인
유일한 예로서 외관을 크고 장중하게 보이도록 의도한
것으로 황제가 아닌 군주는 대문을 3칸으로 해야 하
는중국과의 관계를 고려하여 양 퇴칸을 벽을 쳐서 막
았다.

창덕궁 인정문과 행각

1804년 중건, 보물 813호

Incheongcheon Gate and corridors in Changteokkung Palace

Rebuilt in1804A.D. Treasure No. 813

정면 3칸, 측면 2칸의 다포구조 팔작지붕으로 지붕마
루는 양성하였다. 추녀마루에 잡상 5구와 용두, 용마루
에는 취두, 사래끝에는 토수가 설치되었다. 현판은 선조
때의 명필 북악 이해룡의 글씨이다.

창덕궁 인정전 근경

1804년 중건, 국보 225호

A near view of Incheongcheon Hall in Changteokkung Palace

Rebuilt in 1804 A.D. National Treasure No. 225

난간이 없는 상하 이중월대위 외벌대 기단위에 세워진 정면 5칸, 측면 4칸의 중층 팔작이붕인 다포구조 건물로 통층구조로 되어있다. 윗층에는 문이 없이 교살창을 사면에 설치하였으며 아래층 창호는 상부에 고창을 두고 전후의 중앙칸은 사분합문, 나머지는 삼분합창으로 사면에 설치되었다.

인정전과 행각
Incheongcheon Hall and corridors

인정전은 창덕궁 외전의 중심이 되는 정전으로 신하들의 하례식, 외국사신의 접견등 국가의 공식적 행사가 이루어진 건물이다. 방곽을 이룬 행정각으로 둘러싸여 있고 남행각 중앙에 인정문이 있다.

인정문에서 본 인정전
Incheongcheon Hall from the view of Incheongmun Gate

　최근 복원공사를 하면서 인정전에 연결된 서측행각
을 해체하였고 통로부분에만 박석을 깔고 품계석은 잔
디밭위에 있던 것으로 광장은 전면에 박석을 깔아 원래
의 모습을 되찾았다.

인정문에서 본 인정전
Incheongcheon Hall from the view of Incheongmun Gate

인정전의 처마와 현판
The eaves and a tablet of Incheongcheon Hall

공포는 상하층 모두 외 3출목 내 4출목의 다포계이고
처마는 겹처마로 굵은 서까래와 부연이 촘촘히 뻗혀있
다. 현판의 글씨는 죽석 서영보의 솜씨다.

인정전 앞뜰의 품계석
Rankstone in inner courts of Incheongcheon

정조 6년(1782)에 이전에 없었던 품계석을 설치하였
는데 이후 다른 궁에도 설치하게 되었다.

창덕궁 인정전 처마마루의 잡상
Vavious figures on the ridge of Incheongcheon Hall

인정전의 귀공포
The column top ornamentations of Incheongcheon Hall

하월대 중앙의 돌계단
The stone stairs of Incheongcheon Hall

3도의 어도(御道)가 열려 있고 2마리서수가 엎드린 형상을 한 소맷돌을 설치하고 중앙의 답도에는 봉황
이 어울리는 무늬를, 디딤돌의 전면에는 당초 무늬를 새겼다.

선정전에서 인정전으로 연결되는 월랑
The corridors between Incheongcheon Hall and Seoncheongcheon Hall

선정전 후면의 출입구에서 월랑을 통해 인정전에 이른다. 이는 일제 시대에 개조된 것이다.

선정문
Seoncheongmun Gate

선정전의 정문이며 3간 구조의 전형적인 궁궐문 구
조이다.

남행각에서 본 선정전
1647년 재건, 보물 814호
Seoncheongcheon Hall from the view of south corridors
Rebuilt in 1647A.D. Treasure No. 814

편전으로서 인정전의 동쪽에 정전보다 뒤로 물러나
앉아 있다. 정면 3칸, 측면 3칸의 단층건물로 지붕은
팔작이며 지붕마루에는 양성을 하지 않았으나 용마루
끝에 취두를 내림마루 끝에 용두를 얹었다. 최근 복원
공사를 하면서 서측으로 연결된 익랑을 해체 하였다.

선정전의 처마와 창호
The eaves and fittings of Seoncheongcheon Hall

겹처마이고 건물의 4면은 간결한 세살분합문을 달았다.

선정전의 공포와 단청
The column top ornamentations and painting of Seoncheongcheon Hall

외 2출목 내 3출목의 다포계로 전면 3칸의 주간마다 2조씩의 공포가 배치되어 있다.귀공포는 재미있게 구성되어 있으나 쇠서등이 나약하게 처리되어 장중한 맛은 없다. 연두문(椽頭文)과 연단문(椽端文)의 단청이 매우 아름답다.

희정당과 내정
Hyicheongtang Hall and the inner courts

내전에 속한 건물로 순조때부터 정사를 보는 편전으로 이용되었다. 5단의 장대석 기단위에 정면 11칸 측면 5칸 건물로 사면의 퇴칸을 통로로 만들었다. 건물의 앞뒤로 중앙에 계단을 두었다.

희정당 내정의 굴뚝
The chimney of inner courts in Hyicheongtang Hall

　길상문, 십장생문을 새긴 전돌로 장식하고 지붕에 기와를 잇고 연가를 올렸다. 굴뚝 뒤로 용마루 끝을 꽉문 취두의 표정이 생생하다.

현재의 회정당은 경복궁의 강녕전을 해체 하여 재건
한 것으로 겹처마에 팔작지붕으로 양성을 한 마루위에
취두·용두·잡상을 얹고 사래끝에 토수를 게워 장식하
였다. 합각부 전체를 전돌로 완자 문양을 넣어 쌓고 중
앙에 길상문을 새겨 치장하였다.

◀ 회정당 내정의 굴뚝세부
The details of chimney on the inner courts in Hyicheongtang Hall

흰색의 화장술눈의 바탕위에 붉은색 전돌로 글자의
획을 이루도록 한 길상문, 십장생문양의 부조도판이 단
조로운 전축굴뚝을 장식하고 있다.

대조전에서 선평문을 통해 본 희정당 후면
The back side of Hyicheongtang Hall

회정당의 외벽은 앞뒷면의 중앙 3칸의 아자(亞字) 분
합문과 인방위에 교창을 두었고 그외는 머름인방위에
아자분합창과 교창을 두었다. 머름높이와 궁판높이를
맞추었다.

대조전
1920년 중건, 보물 816호
Taechocheon Hall in Changteokkung Palace
Rebuilt in1920 A.D. Treasure No. 816

왕비의 침소인 중궁전으로 용마루가 없는 집이다. 정
면 9칸, 측면 4칸의 단층 겹처마의 팔작기와지붕이고 2
익공계 공포양식의 건물이다. 화재로 전소되어 부속건
물의 전후면에 쪽마루를 설치하고 낮고 구성이 아름다
운 난간을 둘렀다.

후면에서 본 대조전과 그 일곽
The back side of Taechocheon Hall and the quarter

대조전 뒤뜰의 화계◀
Terraced flower bed in the rear garden of Taechocheon Hall

3급으로 쌓은 화계(花階)에는 십장생문양으로 장식
한 장방형의 전축굴뚝이 있고 화계위로 아름다운 무늬
를 베푼 궁담이 축조되어 있다.

대조전 뒤뜰의 화계와 추앙문 ▶
Terraced flower bed and Taechocheon Gate

주합루
1777년 건립
Chuhapru Pavilion
Built in1777A.D.

부용정 북쪽 맞은편 높은 언덕위에 우뚝 서 있는 주합루는 장대석 바른층 쌓기를 한 높은 기단위에 다듬은 초석을 놓고 외진주는 네모기둥을, 내진주는 둥근기둥을 세운 정면 5칸, 측면 4칸의 2층 다락집이다. 이 익공 양식 부연을 둔 겹처마이고 팔작기와 지붕을 덮었는데 용마루는 양성을 하였고 용마루 끝에는 취두를 얹고 추녀 마루에는 잡상을 설치하였다.

주합루 후면의 퇴칸 ▶
The corridor of Chuhapru Pavilion

장방형 평면의 안쪽 둥근기둥을 따라 띠살창호를 달아 정면 3칸, 측면 2칸의 큰 공간을 만들어 중앙은 우물 마루방으로 하고 양쪽은 온돌방으로 꾸몄다. 그 둘레는 우물마루를 깔아 회랑과 같이 개방하였고 후면 툇칸 양쪽 끝칸에서 2층으로 올라가도록 되어 있다.

연경당 안채
Women's Area of Yeonkyeongtang House

연경당
Yeonkyeongtang House

연경당은 어수당이나 애련정보다 20년 후인 순조 28년에 민가를 모방하여 세운 99칸의 사대부 건물로서 단청을 하지 않은 것이 특징이다. 주요 건축물로는 행랑채와 사랑채 그리고 안채가 있고 그 입구인 장양문(長陽門)과 수인문(脩仁門)이 있으며 서고인 선향재(善香齊)와 뒤뜰에 농수정(濃繡亭)이 있다. 후원에는 ㄴ자형의 계단식 화계가 돌로 옹벽처리되어 있는데 단상 가장자리에는 석난간이 있어 조경미를 더해주고 있다.

연경당 사랑채
Men's Area of Yeonkyeongtang House

경복궁

경복궁, 근정전
1867년 중건, 국보223호
Keuncheongcheon Hall in Keongpokkung Palace
Rebuilt in 1867 A.D. National Treasure No.223

　북악을 배산으로 둔 경복궁의 정전이다. 돌난간을
두른 상·하의 이중월대위에 정면 5칸, 측면 5칸의 중
층 팔각지붕 건물로 겹처마이고 마루는 양성하였다.

남서측에서 본 근정전
Keuncheongcheon Hall from the view of southeast

상하월대의 4면에 석계를 설치함에 따라 돌난간에 이어지는 문로주(門路柱)의 설비가 채택되었다. 이 기둥 상부와 돌 난간대의 법수머리에 여러 서수의 형용이 한 쌍씩 조각되어 있다.

근정전의 처마와 공포◀
The eaves and column top ornamentations of Keuncheongcheon Hall

하늘을 향해 길게 뻗은 추녀와 사래를 복잡하게 짜인 귀포가 그 아래의 기둥과 연계시켜주고 있다. 추녀 사래로 부터 질서정연한 서까래와 이 부연이 안허리 곡(曲)을 만들고 있는데 상하층이 대략 비슷하다.

근정전의 기둥과 창호 ▶
The column and doors of Keuncheongcheon Hall

기둥은 원형의 주좌가 있는 초석위에 원주를 세웠다. 아래층은 벽이 없이 전체가 문과창으로 개방되어 있다. 분합문의 창살은 꽃살창으로 화려하고 장중한 느낌을 준다. 문짝위 인방과 창방 사이에는 빗살의 교창이 있다.

경복궁 근정전의 공포와 창호
The columns top ornamentations and doors of Keuncheongcheon Hall

　　외 2출목,내 3출목의 평방이 있는 다포계이다. 초,
이제공은 앙설, 한대는 수설, 살미는 운두처럼 되어있
는 말기적 양식이다. 창호는 인방위로는 교창이 설치
되어 실내를 밝게 한다.

문로주위의 석물 ◀
The stone figure on the post

난간대의 문로주위의 서수들의 상은 12지·4신 등
조합에 따라 조각된 것도 있고 이름을 알 수 없는 석
도 있다. 이석물은 기린이라고 한다.

근정전 정면의 돌계단
The Stairs of Keuncheongcheon Hall

　3구획된 계단은 표정이 풍부한 해태가 소맷돌로 조각
되었고 중앙의 답도엔 봉황이 어우러져 있다.

문로주 석물
The stone figure on post

남측월대에 있는 이 석물은 호랑이라고 한다.

문로주위의 해태 ▶
Haetae on the post

해태는 앉음새와 웃는 모습이 천진난만한 아이같다.
혹자는 이를 사자라고 한다.

하월대 문로주 밑 서수각
Stone figure

근정전의 추녀마루와 잡상 ◀
The ridge and various statues in Keuncheongcheon Hall

경복궁 근정전의 귀공포 ▶
The column top ornamentations of Keuncheongcheon Hall

상하층이 모두 외 3출목, 내 4출목으로 화려하게 짜
여져 조선말기의 양식을 나타낸다.

근정전 석간난
The stone railing of Keuncheongcheon Hall

　조밀하게 배치된 하엽동자가 8각의 돌란대를 받치
도록 구성되었다. 월대의 전면 양쪽모서리를 45도로
돌출시킨 연화석위에는 해태 두마리가 옆구리를 맞대
고 웅크리고 있다. 아기해태가 안긴 쪽이 암놈이다.

근정전의 행각
The corridors of Keuncheongcheon Hall

근정전의 남행각 동서행각은 2칸통의 복랑으로 원형
주초위에 둥근기둥을 세웠다.

남측행각 서측에서 본 근정전과 행각
Keuncheongcheon Hall and corridors from the view of south corridors

근정전은 근정문이 있는 남행각, 동·서의 행각, 북으로는 사정전의 남행각등 사방이 행각으로 둘러싸여 있다. 행각은 바깥쪽은 흙벽으로 막혔고 안쪽으로는 벽없이 개방되어 있다. 근정전 일곽이 평평한 대지로 보이나 동행각이 중간에 2번 단절된 것에서 알 수 있듯이 층을 이루고 있다.

근정문과 행각 ▶
1867년 중건, 보물 812호
Keuncheongmun Gate and corridors
Rebuilt in 1867 A.D. Treasure No.812

근정전 남쪽의 정문으로 2칸통 3칸의 2층집이다. 근정문 좌우로는 2칸통의 복랑(複廊)인 행각이 있고 문과 행각이 이어지는 부분의 첫 번째 칸에는 행사가 없는 평상시의 출입문인 작은 편문이 있는데 동쪽이 일화문이고 서쪽이 월화문이다. 처마는 부연이 있는 겹처마이며 공포는 외 3출목, 내 3출목의 다포계의 양식이다. 지붕은 우진각이며 양성하였고 용마루에 취두, 추녀마루에 용두와 잡상을 배열하고 사래끝에는 토수를 끼웠다. 2층 처마밑으로 해체작업중인 전 총독부 건물이 보인다.

사정전의 처마와 창호
The eaves and fittings of Sacheongcheon Hall

처마구성도 공포의 구성처럼 지나친 강조를 두어 추녀와 사래가 많이 솟아 있어 처마곡선이 강하게 잡혔다. 4면의 기둥사이에는 분합문이 달렸는데 기둥간격이 똑같이 4분합문을 달아 기둥간격에 따라 문짝 폭이 달라지는 재미있는 구성이 되었다. 인방위로는 교창을 설치하여 실내가 밝고 명랑하다.

사정전
Sacheongcheon Hall in Kyeongpokkung Palace
Rebuilt in 1876 A.D.

편전인 사정전은 '깊이 생각하여 깨달은 바에 따라 정치한다' 는 뜻에서 이름지었다. 높이 15척의 원주를 사용한 단층건물로 외 2출목 내 3출목의 다포계 양식 이다.

경복궁 사정문
Sacheongmun Gate

　사정문은 사정전 남측의 행각 중앙에 3문으로 열린
초익공 집이다. 열린 문사이로 사정전의 돌계단 3구가
보인다. 또한 사정문의 용마루엔 용두가, 사정전에는 취
두가 놓인 것이 비교된다.

경복궁 경회루 ▶
1867년 중건, 국보 224호
Kyeonghoeru Pavilion in Kyeongpokkung Palace
Rebuilt in 1867 A.D. National No.224

　경회루는 현존하는 누 건축에서 가장 뛰어난 걸작이
다. 정면 7칸 측면 5칸의 팔작지붕으로 현존하는 목조
건물중에 단일건물로는 가장 큰 규모의 집이다.

▼ 경회루 처마와 공포
The eaves and the top ornamentations of Kyeonghoeru Pavilion

처마는 겹처마로 깊어서 지붕이 지나치게 커졌다. 그
에 비해 공포는 익공계 양식으로 간결하나 기둥과 창방
은 낙양각으로 장식하여 화려하다.

◀ 경회루의 외석주
The outraws of stone columns of Kyeonghoeru Pavilion

이들기둥은 적당히 민흘림하여 안정감을 주었다. 창
건시에는 꿈틀거리는 용을 조각한 용주(龍柱)로서 '경
회루 돌기둥에 새긴 용의 그림자가 푸른물결, 붉은 연
꽃사이에 거꾸러지는' 장관(壯觀)을 연출했다고 한다.
중건시 경비문제로 조각이 생략되었고 이제는 연꽃마
저 걷혀버렸으니 그 장관은 볼 길이 없다.

섬위의 누, 물속의 누 경회루
Kyeonghoeru Pavilion

경회루는 하늘을 옮겨 놓은 둥근 못(현재는 방지)에
네모진 터를 만들어 집을 세운것으로, 하늘과 땅 즉, 자
연의 순리에 따라 선정을 베풀고자한 뜻이 담겨 있다.

경회루의 석주와 1층 바닥
The raws of stone columns and 1st floor of Kyeonghoeru Pavilion

　누아래의 돌기둥은 48개로 외주는 방주로 평주를 받
고 내주는 원주로 고주를 받는다. 1층 바닥은 방전을 깔
아 포장하고 상부는 우물천장으로 하여 단청을 하였다.

경회루 석난간
The stone railing of Kyeonghoeru Pavilion

난간은 석단 위에 하엽동자를 세우고 8각의 돌란대를
걸고 법수를 세웠다.

경회루 석교
The stone bridge of Kyeonghoeru Pavilion

경회루의 석단과 석교변에는 하엽동자를 받쳐 8각의
돌란대를 얹고 법수를 세웠다. 석교는 동귀틀에 청판돌
을 건 완벽한 돌다리이다.

경복궁 경성전
Kyeongseongcheon Hall

  사정전 뒤 강녕정 일곽에 있는 건물로 연생전과 마
주하고 있는 전각이다. 전면 7간, 측면 4간의 규모이며
전면 양단이 협간으로 구성되어 있는 것이 특징이다.

경복궁 만춘전
Manchuncheon Hall

　사정전 일곽으로 서측의 천추전과 대치되는 위치, 즉
사정전의 동측에 있다. 정면 6칸, 측면 3칸 규모로 중앙
2칸은 대청이고 좌·우 협칸은 온돌방이다. 6.25때 화
재로 소실된 것을 1988년에 복원하였다.

자경전
보물 819호, 1888년 건립
Chakyeongcheon Hall in Kyeongpokkung Palace
Treasure No. 819. Built in 1888 A.D.

　경복궁의 남아 있는 유일한 침전건물로 흥선대원군
이 경복궁 재건시 조대비를 위해 지은 것으로 교태전 동
쪽에 위치한다. 서북쪽의 침방인 육실형의 복안당과 낮
시간을 위한 중앙의 자경전, 여름을 위한 동남의 다락집
인 청연루, 그 옆 12칸 협경당으로 구성되어 있다.

만세문에서 본 자경전
Chakyeongcheon Hall from the view of Mansemun Gate

자경전 굴뚝
보물 810호, 1888년건립
Chimneys in wall decorated with design of
ten symbols of longevity of Chakyeongceon Hall
Treasure No. 810. Built in 1888 A.D.

　자경전 후원의 십장생 굴뚝은 간담의 일부 굴
뚝으로 만든 것으로 지붕의 정상에 연가(煙家)가
줄지어 있으며 연기가 원활히 빠져나가도록 구
조하였다. 전면에 십장생의 무늬가 중앙에 어우
러져 배치되고 그 상하로 해태, 운학, 쇠를 씹어
먹고 불을 삼킨다는 불가사리등의 길상및 벽사
문으로 장식하였다.

자경전 현판 및 상세
Details of Chakyeongcheon Hall

자경전의 청연루
Cheongyeonru Pavilion Chakyeongcheon Hall

청연루는 단칸으로 2칸통 앞으로 돌출되어 있다. 팔
작기와 지붕이고 방형의 높은 석주가 다락을 지탱하고
있다.

아미산 굴뚝
보물 811호
Chimneys of Amisan terraced garden
Treasure No.811

아미산에는, 매화, 모란, 앵두, 철쭉등의 꽃나무, 소나무, 팽나무, 느티나무등과 함께 석분, 일영대 석연지, 세심대등과 6각의 아름다운 전축 굴뚝이 함께 어우러져 있어 4계절의 변화에 따라 꽃피고 녹음우거지고 단풍지고 낙엽지도록 구성되어있다. 아미산에 있는 굴뚝은 4기로 십장생 무늬로 각면을 장식하였다.

양의문에서 본 경복궁 교태전
Kyothaecheon Hall from the view of Yangyimun Gate

왕비의 침전으로 강녕전 일곽에서 양의문을 들어서면 정면 9칸, 측면 7칸 규모의 교태전과 좌우로 익랑이 연결된다. 아미산을 볼 수 있도록 동쪽 후면에 마루와 방으로 구성된 건순각을 배치하였다. 현재의 건물은 1995년에 복원한 것이다.

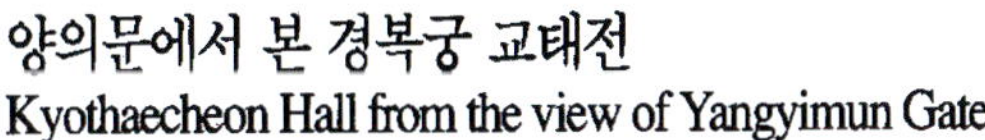

경복궁 천추전
Cheonchucheon Hall

    사정전의 서측에 있는 일곽으로 동측의 만춘전과 규모와 형태가 같다. 24칸 규모의 무익공에 방주를 쓴 소박한 단층 건물로 전면 중 2칸은 전퇴를 개방하고 방이 있는 좌우칸의 앞면에는 분합문을 달았다.

경복궁 천추전 측면
The side view of Cheonchucheon Hall
1865 재건
Rebuilt in 1865 A.D.

2벌대의 장대석 기단위에 세워진 건물로 겹처마, 팔
작지붕이며 용마루에는 용두를 설치하였다고 하고 과
학기구를 설치하였던 흠경각과 보루각이 서북측에 가
까이 있다.

경복궁 향원정
Hyangweoncheong Pavilion in Kyeongpokkung Palace

　향원정은 향원지안의 원형의 섬위에 세워진 2층정자
이다. 정남향의 6모정으로 6각기둥을 사용하였으며, 겹
처마이고 육모지붕의 정상에는 절병통을 얹었다. 남쪽
의 호반에서 섬을 향해 목교가 가설되어 있다.

강녕전
1867년 중건, 1995년 복원
Kangnyeongcheon Hall
Rebuilt in 1867 A.D.

강녕전은 정면 11칸, 측면 5칸 규모로 초익공의 팔작
지붕이다. 왕의 침전이므로 용마루가 없다. 전면에 퇴가
개방된 중앙어칸은 마루로 좌우는 온돌방으로 꾸몄다.
강녕전 일곽은 1920년 창덕궁의 복원을 위해 헐려 없어
진 것을 1995년에 복원하였다. 강녕전 전면과 후면으로
좌우에 같은 규모와 형태의 2개의 전(殿)과 2개의 당
(堂)으로 구성되었다

창경궁

文政殿

문정전
Muncheongcheon Hall

평상시 왕이 정사를 살피던 편전으로 정면 3칸, 측면 3칸의 다포계, 팔작지붕 건물이다. 광해군때 재건될때 남향인 것을 정전과 같이 동향으로, 방주를 원주로 바꿔 격을 올리려는 의견이 있었으나 창건당시대로 건설되었다. 현재의 건물은 1986년에 발굴 조사와 문헌고증을 거쳐 「조선고적도보」의 사진을 토대로 재건된 것이다.

문정전 내부
The interiors of Muncheongcheon Hall

문정전과 동월랑
Muncheongcheon Hall and east corridors

1986년 재건당시 동월랑과 문정문을 함께 재건하였
고 건물 서측에 경사진 지형을 이용하여 화계를 꾸몄다.

◀ 문정전 용상과 보개
The throne of Muncheongcheon Hall

창경궁 · 명정전
1616년 중건 · 국보 226
Myeongcheongcheon Hall in Changkyeongkung Palace
Rebuilt in 1616 A.D. National treasure No. 226

창경궁의 정전으로 조선조 궁궐중 유일하게 동향을
하고 있다. 이중월대위 장대석 기단위에 정면5칸 측면3
칸의 단층건물로 통칸구조이다.

명정전 처마와 현판 ▶
The eaves and a tablet of Myeongcheongcheon Hall

명정전 기둥과 창호 ▶
The columns and windows and doors of Myeongcheongcheon

기둥은 원형의 주좌가 있는 초석위에 원주를 세웠
다. 퇴칸의 창호 아랫부분에 전돌로 조적식 벽체를 꾸
민 것이 특이하다. 건물의 사면을 창호로 처리하였는
데 꽃살창호를 달고 그위에 창부에는 교살창을 달아
궁안의 건물중 가장 화려하다.

명정문과 월랑
1616년 중건 보물 385호
Myeongcheongmun Gate and the corridors
Rebuilt in 1616 A.D. Treasure No. 385

명정문은 정면3칸, 측면2칸의 다포계, 단층 팔작지붕
의 조선중기 궁궐 중문의 대표적인 예이다. 월랑은 복랑
으로 초익공계 양식이다.

명정전 월대 전면계단
The stairs
of Myeongcheongcheon Hall

명정전의 어칸에 맞추어 상
하월대에 3구획 되었다. 소맷
돌에 해태가 조각 되어있고
중앙의 답도(踏道)는 현존하
는 최고(最古)의 석계다.

명정전과 월대
Myeongcheongcheon Hall and stairs

명정전의 월대는 이중월대이나 지형의 협소함으로
전면(동쪽)과 북쪽만을 중심으로 한 비대칭 구조이다.

◀ 명정전 정면
The front side of Myeongcheongcheon

기와지붕의 각마루는 양성바르기를 하였고 용마루
좌우 끝에는 취두, 내림마루 끝에는 용두, 추녀마루 끝
에는 잡상을 설치 하였고 사래끝에는 토수를 씌웠다.

명정전의 귀공포
The columns top ornamentations
of Myeongcheongcheon

창방, 평방, 뺄목이 +자형으로 교차하고 좌우에서는
오는 3출목의 포작을 교차시켰다.

창경궁 홍화문
1616년 중건, 보물 384호
Honghwamun Gate in Changkyeongkung Palace
Rebuilt in 1616 A.D. Treasure No.384

창경궁의 정문으로 중층의 누문이다. 정면 3칸, 측면 2칸의 다포계 양식이며 우진각지붕이다. 정전인 명정전과 같이 동향하고 있으며 홍화문좌우의 행각의 끝에 '궐(闕)'의 자취인 각루가 있다.

弘化門

홍화문 처마
The eaves of Honghwamun Gate

상·하층의 겹처마, 공포, 사래 끝의 이무기 모양의
토수가 조화를 이루고 있다.

홍화문의 귀공포
The columns top ornamentations of Honghwamun Gate

창방, 평방, 뺄목이 +자형으로 교차하고 거기에 3각
모양의 이방(耳枋)을 놓고 3출목의 포작을 교차시켰다.

창경궁 통명전의 어칸
The front side of Thongmyeongcheon Hall

　전퇴가 개방되어 있는 3칸의 어칸이다. 전퇴는 육간
대청 규모로 주간이 넓어 상당히 넓게 느껴진다.

▲ 통명전의 귀공포와 처마
The eaves and the column top ornamentations of Thongmyeongcheon

150

창경궁 통명전
1834년 중건 보물 818호
Thongmyeongcheon Hall in Changkyeongkung Palace
Rebuilt 1834 A.D. Treasure No. 818

창경궁의 내전으로 단층의 월대와 1층의 석조기단 위
에 남향으로 서 있다. 정면7칸 측면 4칸의 용마루가 없
는 침전이다. 궁안의 내전건물 중 가장 크고 유일하게
월대가 있고 건물 서측에 지당(池塘)을 설치하였다.

창경궁 통명전 동측면
The eastside of Thongmyeongcheon Hall

　팔작지붕이나 용마루가 없이 내림마루와 추녀마루만
있어 여기에 용두와 잡상을 설치 하였다.

창경궁 통명전 지붕
The roof of Thongmyeongcheon Hall

숫기와의 둥근 면이 규칙적인 사선의 반복으로 지붕
을 부드럽게 느끼게 하고 드문드문 자란 들꽃이 정겹다.

창경궁 통명전 추녀마루
The ridge of Thongmyeongcheon Hall

양성바르기를 한 추녀마루에 용두와 잡상을 설치하
였다. 팔작지붕에서 용두는 내림마루의 끝부분에, 추녀
마루에서는 잡상의 뒤쪽에 둔다.

통명전 서측 지당
The pond on westside of Thongmyeongcheon Hall

지당은 장대석으로 방구(方區)를 짜올린 위에 낮게
석난간을 설치하였다. 당 안에는 대석위 석불안의 괴석
2기가 당주 처럼 설치되어 있다.

통명전과 지당
Thongmyeongcheon Hall and pond

통명전의 서측에 있는 지당은 뒤뜰 화계까지 이르는
남북 12.8m,동서 5.2m의 장방형을 이룬다. 지당의 중
앙에는 남쪽으로 치우쳐서 통명전 월대에서 이어지는
지당석교가 가로 놓여 있다. 석난간은 법수, 동자석, 8
각의 돌란대, 하엽동자, 난간청판 등으로 치밀하고 아담
하게 구성되어 있다.

통명전 지당 세부
Details of pond

　지당석교의 남쪽부분에 있는 대석은 정교하게 조각
되어 있다. 대석은 무엇을 받들고 있었을까

화계에서 본 원형수로와 지당
The water way and the pond from the view of terraced garden

서측에서 본 통명전과 지당
Thongmyeongcheon Hall and pond from the view of westside

산자락이 원래 높았던 통명전 뒤편을 정리하기 위해
3급의 화계를 쌓았다. 日人들이 1915년 장서각을 지으
면서 이 위로 2급을 가축하였던 것을 1992년 장서각을
철거하면서 현재와 같이 복원하였다.

통명전 후면 ▶
The backside of Thongmyeongcheon Hall

창경궁 옥천교
1616년 재건 보물 386호
Okcheonkyo Bridge in Changkyeongkung Palace

Rebuilt in 1616 A.D. Treasure No. 386

　명정문과 홍화문사이에 놓인 것으로 창덕궁의 금천
교와 모습이 비슷하나 규모는 약간 작다. 난간은 법수사
이의 구조를 일매석으로 하여 하엽 및 돌란대등을 조각
하였다.

창경궁 전경
1405년 창건
The view of Changkyeongkung Palace

Rebuilt in 1405 A.D.

　창경궁은 태종이 거처하던 수강궁터로 성종이 수리하여 창경궁으로 창건한 이래 여
러차례의 화재와 재건으로 이루어졌고 일제강점기에는 동물원, 식물원이 개설되고, 창
경원으로 격하되고 파괴되었다. 현재의 모습은 1981년 '창경궁 복원 계획에 의해
1986년 까지 재건과 보수를 한것이다. 홍화문안 좌 · 우측의 행각과 명정전 주위 월랑
및 문정전과 동월랑등이 재건되었고 1992년에는 장서각이 철거되었으며 춘당지등 왜
식으로 변형된 원유도 복구하였다.

함인정
1834년 재건
Hamincheong Pavilion
Rebuilt in 1834 A.D.

3벌대의 장대석 기단위에 정면 3칸, 측면 2칸의 정자
건물로 이익공계 양식의 팔작지붕이다. 용마루에 설치
한 용두와 주간으로 보이는 환경전이 인상적이다.

함인정의 천장
The ceiling of Hamincheong Pavilion

함인정의 내진공간은 우물천장으로 외진공간은 연등
천장으로 되어 있다.

163

종 묘

　조선 중기때(1608)의 것으로 국내 단일건물중 가장
긴 것으로 유명하다. 건물은 중앙과 양옆의 익실로 구
성되는데 중앙의 태실이 19칸, 옆의 익실이 3칸의 규
모를 하고있으며 이것과 직교한 각각 5칸의 부속채가
달려있다. 태실부분은 정전 중심건물로서 지붕이 가장
높게 처리되어있으며 조선조 왕들의 신위가 모셔져 있
으며 여러번의 중창과 함께 오늘에 이르고 있다. 정전
앞 부분에는 일종의 중정이 형성되어 있는데 일종의
신도로서 왕의 영령 이외에는 밟지 못하도록 계획되었
다.

정전 입구 전경
The view of Entrance Gate of Main Tomb

정전 입구
Entrance Gate of Main Tomb

　전형적인 삼문형식으로 건물의 격을 높여주는 역할을
하고 있다. 삼문 각각에 이르는 계단이 있고 가운데의 것
이 중심을 이룬다.

정전 중정의 디테일
Detail of Main Tomb Court

정전 중정 계단
Stairs of Main Tomb Court

종묘 영녕전
Ryeongneongcheon Hall of Chongmyo Royal Tomb

　조선중기(1608)의 것으로 박공지붕을 하고 있으며 초익공계의 전형적인 기법을 보여주고 있다. 공간구성이나 전체적인 건물형식은 종묘 정전을 흉내낸 듯하나 다소 작은 규모이며 칸수로는 정면 15칸, 측면 3칸 구조를 하고 있다. 영령전의 특징은 가운데 돌출된 지붕의 4칸에 조선조의 정식왕을 모신 것이 아니라 이태조의 선조4대를 모셔둔 것이 특이하다.

영녕전 측면 전경
The side view of Ryeongneongcheon Hall

◀ 영녕전 입구
The Entrance of Ryeongneongcheon Hall

서울 문묘
사적 143호
Seoul Munmyo Tomb
Historical Site No. 143

174

서울 문묘 명륜당
Myeongryuntang Hall of Seoul Munmyo Tomb

　건물 규모는 정면 9칸, 측면 3칸이며 가운데 3칸이
일종의 솟을 지붕으로 튀어나와있다. 강학공간으로서
바닥은 마루구조로 되어있으며 양 옆의 익실은 원래는
온돌방이었다고 한다. 명륜당 앞으로 기숙사인 동재와
서재가 좌우대칭을 이루고 있다.